BEI GRIN MACHT SICH IHR WISSEN BEZAHLT

- Wir veröffentlichen Ihre Hausarbeit, Bachelor- und Masterarbeit

- Ihr eigenes eBook und Buch - weltweit in allen wichtigen Shops

- Verdienen Sie an jedem Verkauf

Jetzt bei www.GRIN.com hochladen und kostenlos publizieren

Julia Fenk

Bodenversauerung und Nährstoffverluste in Mitteleuropa

GRIN Verlag

Bibliografische Information der Deutschen Nationalbibliothek:

Die Deutsche Bibliothek verzeichnet diese Publikation in der Deutschen National-
bibliografie; detaillierte bibliografische Daten sind im Internet über http://dnb.d-
nb.de/ abrufbar.

Impressum:

Copyright © 2011 GRIN Verlag GmbH
Druck und Bindung: Books on Demand GmbH, Norderstedt Germany
ISBN: 978-3-656-26788-1

Dieses Buch bei GRIN:

http://www.grin.com/de/e-book/200106/bodenversauerung-und-naehrstoffverluste-
in-mitteleuropa

GRIN - Your knowledge has value

Der GRIN Verlag publiziert seit 1998 wissenschaftliche Arbeiten von Studenten, Hochschullehrern und anderen Akademikern als eBook und gedrucktes Buch. Die Verlagswebsite www.grin.com ist die ideale Plattform zur Veröffentlichung von Hausarbeiten, Abschlussarbeiten, wissenschaftlichen Aufsätzen, Dissertationen und Fachbüchern.

Besuchen Sie uns im Internet:

http://www.grin.com/

http://www.facebook.com/grincom

http://www.twitter.com/grin_com

Friedrich-Schiller-Universität Jena

Institut für Geographie

WiSe 2011/12

Bodenversauerung und Nähstoffverluste in Mitteleuropa

Schriftliche Hausarbeit

Abgabedatum:

22.12.2011

Inhalt

1 Einleitung

Im humiden Klima Mitteleuropas handelt es sich bei der Bodenversauerung um einen natürlichen Prozess. In den vergangenen Jahrzehnten weiteten sich jedoch die Auswirkungen, welche die Versauerung von Böden mit sich bringt, immer weiter aus. So wurden häufig Veränderungen der Artenzusammensetzung von Flora und Fauna in Gewässern verzeichnet, die sich in unmittelbarer Nähe von Bodenversauerung betroffener Regionen befinden. Zudem wurden auch häufiger Belastungen im Trinkwasser bemerkt, welches aus diesen Gewässern gewonnen wurde. Diese Feststellungen deuten darauf hin, dass der Prozess der Bodenversauerung in Mitteleuropa zusätzlich durch anthropogene Einflüsse beschleunigt wird, wozu beispielsweise saure Niederschläge zählen, die Resultat der Industrialisierung und der damit einhergehenden Emission von Säurebildnern aus fossilen Energiequellen sind.

In dieser Arbeit sollen die unterschiedlichen Ursachen und Auswirkungen der Bodenversauerung untersucht werden. Darüber hinaus soll geklärt werden, wie sich die Bodenversauerung auf den Nährstoffgehalt in Böden und somit auf deren landwirtschaftliche Nutzbarkeit auswirkt.

Dazu erfolgen zunächst in den ersten beiden Kapiteln eine Klärung des Begriffs „Bodenversauerung" sowie eine Erläuterung jener Prozesse, die diese einerseits beschleunigen und andererseits in ihrer Geschwindigkeit hemmen. Anschließend werden die Folgen vorgestellt, die versauerte Böden mit sich bringen, um danach eine Gegenmaßnahme anzusprechen, mit deren Hilfe die Qualität saurer Böden wieder verbessert werden kann.

Während das sechste Kapitel einen Überblick über im Boden vorkommende Nährstoffe liefert, werden danach Prozesse vorgestellt, die Nährstoffverluste hervorrufen können. Anschließend wird auch für diese Problematik eine Gegenmaßnahme beschrieben, die dem Boden die verlorenen Nährstoffe wieder zuführt und zuletzt werden die gewonnenen Erkenntnisse zusammengefasst.

2 Begriffsabgrenzung und Kenngröße zur Einschätzung der Bodenversauerung

Der natürliche Prozess der Bodenversauerung, der im humiden Klima Mitteleuropas durch anthropogene Faktoren verstärkt wird, wird maßgeblich durch den Gehalt des Bodens an Feststoffsäuren und gelösten Säuren bestimmt, denn diese spalten bei Dissoziation Wasserstoffionen (H^+) ab, die anschließend in der Bodenlösung als Hydroniumionen (H_3O^+) vorliegen (HILDEBRAND 1994:100; ALEWELL 2009:4).

Dabei sind die wichtigsten gelösten Säuren, die in der Bodenlösung auftreten, organische Säuren, Kohlensäure, sowie die stärkeren Vertreter Schwefelsäure, Salpetersäure und Al^{3+}-Kationen. Die Stärke der jeweiligen Säure wird von dem Dissoziationsgrad des entsprechenden Säuremoleküls bestimmt. Schwache Säuren geben zwar Wasserstoffionen ab, liegen jedoch nur teilweise in dissoziierter Form vor, wohingegen starke Säuren fast vollständig dissoziiert sind (ROWELL 1997:274). Bei Feststoffsäuren sind die H^+-Ionen an funktionelle Gruppen gebunden und auch bei diesen ist das Ausmaß der Dissoziation von der spezifischen Säurestärke abhängig (SCHEFFER & SCHACHTSCHABEL 2008:123).

Aufgrund der Tatsache, dass der Grad der Versauerung der Böden von der Menge der H^+-Ionen abhängig ist, die in der Bodenlösung vorliegen, ist ein naheliegendes Maß zur Einschätzung der Bodenversauerung der pH-Wert des Bodens, da dieser als negativer Logarithmus der H^+-Ionenkonzentration definiert ist. In der Tat ist der pH-Wert eine bedeutende Bodenkenngröße, die für die Einteilung von Böden genutzt wird (Tab. 1). In Mitteleuropa reicht das Spektrum der Boden-pH-Werte von etwa 3 bis 8, wobei im pH-Bereich von 6,5 bis 7 von neutralen Böden gesprochen wird (ALEWELL 2009:4f.).

In Abbildung 1 ist die pH-Wert-Abnahme eines kalkhaltigen Bodens dargestellt, zu dem gleichmäßig H^+-Ionen gegeben werden. Auffällig ist dabei, dass sich insbesondere zu Beginn

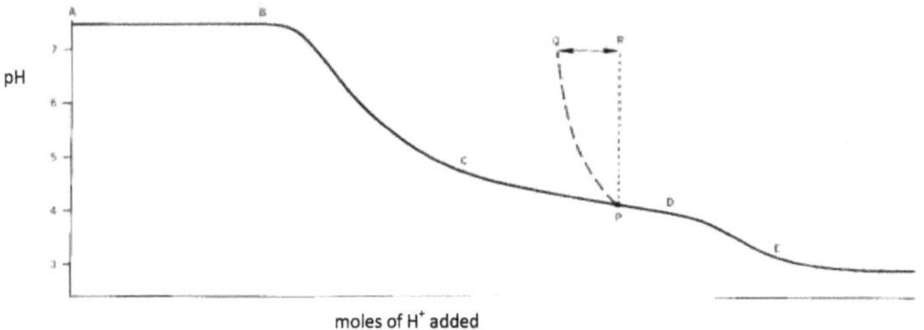

Abb. 1: Entwicklung des pH-Werts eines kalkhaltigen Bodens unter Zugabe einer starken Säure mit pH-Wert 3 (BREEMEN et al. 1983:285)

Tab. 1: Einteilung der Böden nach ihrem pH-Wert (Quelle: SCHEFFER & SCHACHTSCHABEL 2008:129)

Bezeichnung	pH	Bezeichnung	pH
neutral	7,0		
schwach sauer	6,9...6,0	schwach alkalisch	7,1... 8,0
mäßig sauer	5,9...5,0	mäßig alkalisch	8,1... 9,0
stark sauer	4,9...4,0	stark alkalisch	9,1...10,0
sehr stark sauer	3,9...3,0	sehr stark alkalisch	10,1...11,0
extrem sauer	< 3,0	extrem alkalisch	> 11,0

eine lange Zeit keine Änderung des pH-Werts einstellt und auch später keine gleichmäßige Abnahme stattfindet. Der Grund hierfür liegt in der Tatsache, dass H^+-Ionen auch an Kationenaustauschplätzen gebunden werden und somit bei der Messung des pH-Werts keine Berücksichtigung finden. Somit wird deutlich, dass die Veränderung des pH-Werts einer Bodenlösung nicht geeignet ist, um die Bodenversauerung quantitativ zu beschreiben.

Eine solche quantitative Beschreibung von Versauerungsprozessen wird mithilfe des Konzepts der Kapazitätsgrößen ermöglicht (LUBW 1997:22). Als Kapazitätsparameter der Bodenversauerung ist danach die Säureneutralisationskapazität (SNK) eines Bodens anzusehen, worunter die Kapazität eines Bodens zu verstehen ist, Säuren zu neutralisieren, also abzupuffern. Dieser Wert ergibt sich folglich aus der „Summe aller Metallkationen, die durch Anionen schwacher Säuren oder schwach saurer funktioneller Gruppen gebunden sind" (ALEWELL 2009:28), denn diese können ihren Platz an Wasserstoffionen abtreten. Die Bodenversauerung ist somit als Abnahme der SNK zu betrachten, wobei der pH-Wert eines Bodens umso weniger abnimmt, je höher dessen SNK ist. Mit Verbrauch der SNK, gewinnt der Boden nach und nach Basenneutralisationskapazität (BNK), also die Fähigkeit, Basen zu neutralisieren. Weil jedoch die Reaktionsprodukte vieler Reaktionen aus dem Boden entfernt werden, nimmt die BNK weniger zu als die SNK abnimmt (LUBW 1997:23).

Da die Intensität der Bodenversauerung durch die abnehmende SNK beschrieben werden kann, wird deutlich, dass sie stark von der Menge der Puffersubstanzen abhängt, auf die im folgenden Kapitel näher eingegangen wird.

3   Der Prozess der Bodenversauerung

Die Bodenversauerung wird von bodeninternen oder äußeren Prozessen verursacht, die dem Boden mehr H^+-Ionen zuführen als dieser neutralisieren kann. Sie ergibt sich somit aus der Bilanz von H^+-Einträgen und Puffersystemen im Boden, welche die eingetragenen Wasserstoffionen teilweise wieder in eine undissoziierte Form überführen. Abbildung 2 fasst den Prozess der Bodenversauerung zusammen und im Folgenden werden wesentliche H^+-Quellen und anschließend bedeutende H^+-Senken vorgestellt.

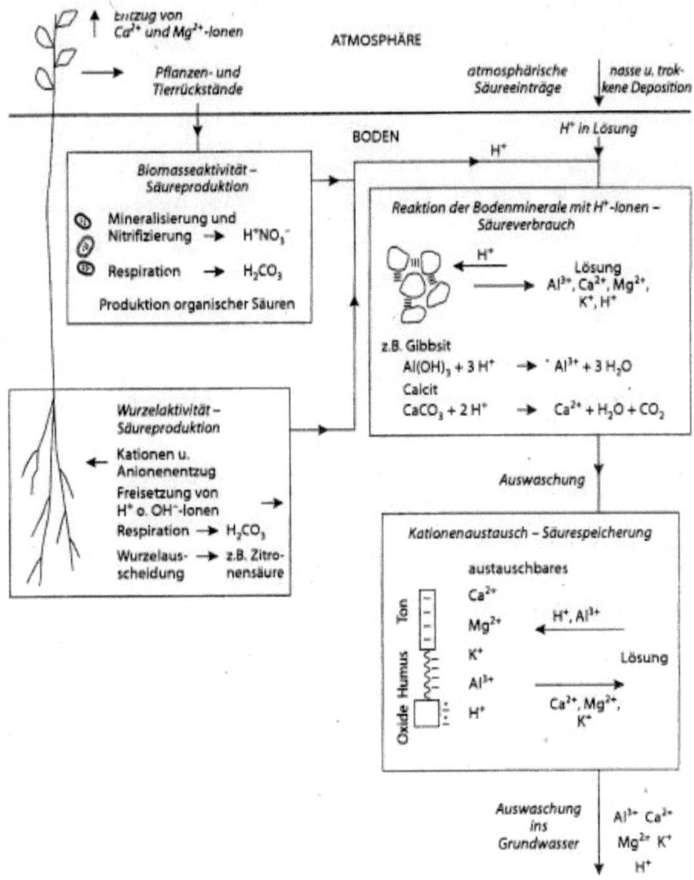

Abb.2: Prozess der Bodenversauerung (Quelle: ROWELL 1997:265)

3.1 H$^+$-Quellen des Bodens

Als Ursachen für eine Anreicherung von Wasserstoffionen im Boden sind jegliche Einträge von Säuren und Säurebildnern anzusehen. Dabei können externe und interne Quellen unterschieden werden, wobei zu den externen Quellen alle Säureeinträge aus der Atmosphäre gehören (Kapitel 3.1.3), hingegen die internen Quellen alle anderen Arten von H$^+$-Ionen-freisetzung umfassen (ROWELL 1997:264).

3.1.1 Bildung von Kohlensäure durch Wurzelatmung und biotische Oxidation

Im belebten Teil des Bodens wird durch verschiedene Prozesse CO_2 produziert – zum Einen durch die Wurzelatmung und außerdem durch biotische Oxidation. Durch Lösung des Kohlenstoffdioxid in Wasser, entsteht Kohlensäure: $CO_2 + H_2O \rightleftharpoons H_2CO_3$. Weil der Gasaustausch mit der Atmosphäre verzögert stattfindet, ist im Boden ein höherer CO_2-Partialdruck von etwa 0,2 bis 0,7 kPa vorzufinden als in der Atmosphäre (0,035 kPa), wodurch die Konzentration der Kohlensäure steigt (ALEWELL 2009:6). Weil nur bis zu einem pH-Wert von 5 Kohlensäure gebildet wird, ist diese Säurequelle insbesondere für landwirtschaftliche Nutzböden von großer Bedeutung. Die Kohlensäure ist somit sowohl in neutralen als auch in alkalischen Böden die Hauptquelle für Protonen, denn sie dissoziiert in Hydronium-Ionen und Hydrogencarbonat-Ionen: $H_2CO_3 + H_2O \rightleftharpoons H_3O^+ + HCO_3^-$. Damit die Reaktion weiter ungehindert ablaufen und es tatsächlich zu einer Bodenversauerung kommen kann, muss das basische Reaktionsprodukt HCO_3^- ausgewaschen werden (SCHEFFER & SCHACHTSCHABEL 2008:124).

3.1.2 H$^+$-Abgabe durch Pflanzenwurzel im Zuge der Kationenaufnahme

Pflanzen benötigen zum Wachsen Nährstoffe, die sie über ihre Wurzeln in Ionenform aus dem Boden aufnehmen. Die Pflanzenernährung kann sowohl Säuren als auch Basen produzieren, da Pflanzen bestrebt sind ihre elektrische Neutralität aufrecht zu erhalten. Demzufolge scheidet die Wurzel bei Aufnahme von Kationen gleich große Mengen H$^+$-Ionen aus, bei der Aufnahme von Anionen hingegen gleich große Mengen an Basen, beispielsweise OH$^-$-Ionen. Werden nun mehr Kationen als Anionen aufgenommen, so stellt sich ein Kationenüberschuss ein, den die Pflanze durch Abgabe einer äquivalenten Menge an Wasserstoff-Ionen ausgleicht, welche den Boden versauern kann. Theoretisch ist diese Versauerung jedoch nur von überschaubarer Zeit, wenn der Nährstoffkreislauf geschlossen ist. In diesem Fall werden die

Tab. 2: Schätzung natürlicher und anthropogen verursachter globaler Stickstoffemissionen in Mt N/Jahr (LUBW 1997:45)

Quelle	NO_x	NH_3	N_2O	Summe
anthropogen	24,0	52,7	4,2-13,1	80,9 - 89,8
natürlich	6,7 - 31,3	5,6 - 14,0	0,3 - 42,0	12,6 - 87,3
Gesamt	30,7 - 55,3	58,3 - 66,7	4,5 - 55,1	93,5 - 177,1

Kationen bei der Mineralisierung unter Verbrauch von H^+-Ionen wieder freigesetzt (LUBW 1997:28). Zu einer anhaltenden Bodenversauerung kommt es also nur, wenn nicht die gesamte Biomasse auf dem Standort verbleibt. Diese kann dem Boden auf natürlichem Wege, wie beispielsweise durch Erosion, oder durch anthropogenes Handeln, wie durch die Entfernung des Ernteguts von einem Standort, entzogen werden (SCHEFFER & SCHACHTSCHABEL 2008:125).

3.1.3 Deposition saurer Niederschläge

Regenwasser hat im Gegensatz zu reinem Wasser keinen neutralen pH-Wert von 7, da sich in der Atmosphäre, bedingt durch den Kontakt mit CO_2, verdünnte Kohlensäure bildet, wodurch sich theoretisch ein pH-Wert von 5,6 einstellen würde (ROWELL 1997:264). Häufig weichen jedoch die gemessenen pH-Werte aus Niederschlägen von diesem Wert ab, was darauf hindeutet, dass andere Säuren beziehungsweise Basen mitwirken. So enthält „saurer Regen" zusätzlich Schwefel- und Salpetersäure, welche sich in der Atmosphäre gelöst haben, und weist folglich einen pH-Wert von weniger als 5,6 auf. SCHWEDT & SCHREIBER (1996:154) haben festgestellt, dass der pH-Wert des Regenwassers in luftverschmutzten Gebieten bei durchschnittlich 4,1 liegt und in Extremfällen bis auf einen Wert von 2,3 absinken kann. Selbst in unbelasteter Luft werden von den Niederschlägen kleinere Mengen natürlich vorkommender Säuren aufgenommen, sodass sich auch in solchen Fällen ein pH-Wert von etwa 5 einstellt (ROWELL 1997:264).

Die Stickstoffdeposition in Mitteleuropa setzt sich zu einer Hälfte aus Ammonium (NH_4) und zur anderen Hälfte aus Stickoxiden (NO_x) zusammen. In Tabelle 2 sind die anthropogen und natürlich freigesetzten Stickstoffmengen pro Jahr dargestellt. Daraus ist abzulesen, dass die durch anthropogene Ursachen freigesetzte Stickstoffmenge allgemein größer ist als die natürliche. Zu Letzterer trägt beispielsweise die natürliche Freisetzung von Ammonium und die Denitrifikation bei, aber auch die Bildung von NO_x bei Waldbränden und elektrischen

Tab. 3: Schätzung der natürlichen und anthropogen verursachten globalen Schwefelemissionen in Mt SO$_2$/Jahr (CULLIS & HIRSCHLER 1980:1275)

QUELLEN	N + S-HE-MISPHERE	NÖRDLICHE HEMISPHERE	SÜDLICHE HEMISPHERE
Natürliche Emissionen			
Vulkane	5	3 (60 %)	2 (40 %)
Meeresspray	44	19 (43 %)	25 (57 %)
biogen (Land)	48	32 (67 %)	16 (33 %)
biogen (Ozeane)	50	22 (44 %)	28 (56 %)
Σ natürliche Emiss.	**147**	**76 (52 %)**	**71 (48 %)**
Σ anthropog. Emiss.	**251**	**174 (69 %)**	**77 (31 %)**
anthropogen in % der Gesamtemission	41	56	8

Entladungen durch Blitze (LUBW 1997:44; STAHR et al. 2008:56). Anthropogene Ursachen für die Freisetzung von Stickstoff sind hingegen die Tierhaltung, das Ausbringen von Gülle und mineralische Düngung, die allesamt zu einer Deposition von Ammonium führen (ALEWELL 2009:16). Hinzu kommen Verbrennungsvorgänge, die Stickstoffmonoxid in die Atmosphäre freigeben, welches dort sofort zu Stickstoffdioxid oxidiert wird.

Tabelle 3 gibt einen Überblick über die wichtigsten natürlichen und anthropogen verursachten Schwefelemissionen im Bezugsjahr 1974. Natürliche Ursprünge, wie beispielsweise Vulkanismus, werden explizit in der Tabelle erwähnt und hinzu kommen durch den Menschen bedingte Emissionen, wie etwa durch die Verbrennung schwefelhaltiger Brennstoffe. Dabei ist jedoch anzumerken, dass die atmosphärischen Schwefelgehalte in den vergangenen Jahrzehnten deutlich abgenommen haben (Abb.3).

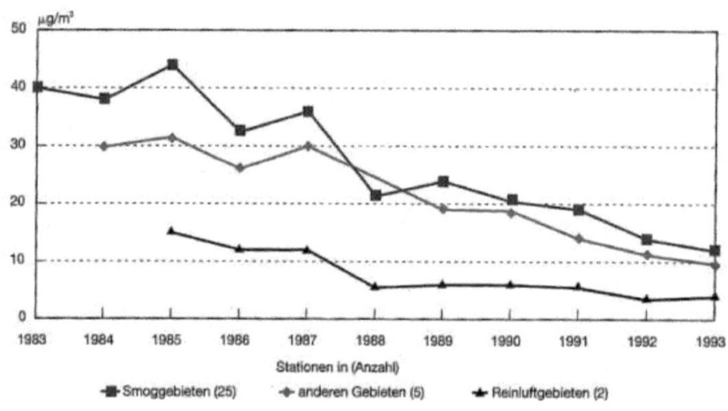

Abb. 3: Jahresmittelwerte der SO$_2$-Konzentrationen aus Messstationen Baden-Württembergs (LUBW 1997:51)

Die aufgrund der atmosphärischen Zusammensetzung in den Niederschlägen enthaltene Schwefel- und Salpetersäure resultieren im Boden in einer zunehmenden Versauerung, denn bei der Dissoziation von H_2SO_4 und HNO_3 entstehen Hydronium-Ionen. Diese setzen Kationen im Boden frei und nehmen deren Plätze ein, während die Kationen Verbindungen mit den übrigen Dissoziationsprodukten SO_4^- und NO_3^- eingehen und ausgewaschen werden (SCHEFFER & SCHACHTSCHABEL 2008:125).

Trotz der rückläufigen anthropogenen Emissionsraten, haben diese dennoch einen bedeutenden Einfluss auf die Bodenversauerung, denn wie ULRICH (1986:703) feststellte, kann der „durch natürliche Emission von SO_2 und NO_x bedingte Säureeintrag […] selbst in silikatarmen Böden noch durch Silikatverwitterung gepuffert werden". Tatsächlich ist der pH-Wert vieler Böden Mitteleuropas durch den erhöhten atmosphärischen Säureeintrag in den letzten 5 Jahrzehnten um bis zu 0,5 bis 1,5 Einheiten gefallen (SCHEFFER & SCHACHTSCHABEL 2008:125).

3.1.4 Oxidation von NH_4^+ aus Düngung

Auch Ammonium-Dünger können den Säuregehalt eines Bodens beeinflussen, denn bei der Oxidation von Ammonium (NH_4^+) – der protonierten Form des Ammoniak (NH_3) – werden H^+-Ionen freigesetzt: $NH_4^+ + 2O_2 \rightleftharpoons NO_3^- + 2H^+ + H_2O$. Dieser Prozess wird als Nitrifikation bezeichnet (ALEWELL 2009:21). Im Falle einer NO_3^--Aufnahme durch Feldfrüchte, setzen diese OH^--Ionen frei, um ihre Neutralität zu erhalten, wodurch ein Wasserstoff-Ion in der Bodenlösung neutralisiert wird. Dennoch wirkt der Gesamtprozess versauernd, da bei der Oxidation von Ammonium zwei H^+-Ionen freigesetzt werden. Dadurch kann das übrige H^+-Ion im Boden ein Kation freisetzen, was zusammen mit NO_3^- ausgewaschen wird. Dieser Basenverlust führt dazu, dass der Boden SNK verliert und folglich versauert. Wird NO_3^- andererseits nicht von den Pflanzen aufgenommen, so können beide H^+-Ionen aus der Oxidation zur Bodenversauerung beitragen (SCHEFFER & SCHACHTSCHABEL 2008:126).

3.1.5   Oxidation von Eisen und Mangan

Bei der Oxidation von Fe^{2+} zu Fe^{3+} beziehungsweise Mn^{2+} zu Mn^{3+} werden H^+-Ionen verbraucht, was in Gleichung 1 am Beispiel von Eisen erkennbar ist. Jedoch hydrolysiert das gebildete Fe^{3+} im pH-Bereich unter 3 sofort (Gl. 2), sodass bei der gesamten Oxidation 2 H^+-Ionen gebildet werden (Gl. 3) (SCHEFFER & SCHACHTSCHABEL 2008:126).

$$(1) \qquad Fe^{2+} + \frac{1}{4}O_2 + H^+ \rightleftharpoons Fe^{3+} \frac{1}{2}H_2O$$

$$(2) \qquad Fe^{3+} + 2\,H_2O \rightleftharpoons FeOOH + 3\,H^+$$

$$(3) \qquad Fe^{2+} + \frac{1}{4}O_2 + \frac{3}{2}H_2O \rightleftharpoons FeOOH + 2\,H^+$$

Ebenso werden zwei Wasserstoff-Ionen bei Oxidation und sofortiger Hydrolyse des Mn^{2+} zu MnO_2 freigesetzt. Die Oxidation von Mn^{2+} verläuft jedoch, verglichen mit der von Fe^{2+}, viel langsamer und ist nur in Bereichen mit pH-Wert größer 8 von Bedeutung (SCHEFFER & SCHACHTSCHABEL 2010:165).

Aufgrund der Tatsache, dass bei der Reduktion von MnO_2 beziehungsweise FeOOH jeweils äquivalente Mengen H^+ verbraucht werden, wie bei deren Oxidation freigesetzt wurden, kann es nur zu einer anhaltenden Bodenversauerung kommen, wenn die Redoxpartner ausgewaschen werden (LUBW 1997:29).

3.2 H^+-Senken des Bodens

Ein Großteil der im Boden gebildeten beziehungsweise darin eingetragenen H^+-Ionen werden abgepuffert, indem sie durch eine Reihe chemischer Reaktionen in undissoziierte Form überführt werden. Dadurch findet im Boden keine so extreme Abnahme des pH-Werts statt wie bei Zugabe einer äquivalenten Menge an Wasserstoff-Ionen zu reinem Wasser. Insbesondere nimmt der Boden pH-Wert umso langsamer ab, je besser der Boden gepuffert ist (ROWELL 1997:266).

Im Folgenden werden die in Tabelle 4 dargestellten Pufferbereiche des Bodens näher beleuchtet.

Tab. 4: Puffersysteme in Böden und deren pH-Bereiche (ULRICH 1987:235)

Puffersubstanz (Ausgangssubstanz)	pH (H_2O)-Bereich	Reaktionsprodukt geringerer SNK (bodenchemische Veränderung)
Carbonat-Pufferbereich: $CaCO_3$	8,6 - 6,2	$Ca(HCO_3)_2$ in Lösung (Ca- und Basenauswaschung)
Silikat-Pufferbereich: primäre Silikate	ganze pH-Skala (vorherrschende Pufferreaktion in carbonatfreien Böden pH > 5)	Tonminerale (Vergrößerung der KAK)
Austauscher-Pufferbereich: Tonminerale	5 - 4,5	nicht austauschbare n [Al-$(OH)_x^{(3-x)+}$] (Blockierung permanenter Ladung, Reduktion der Kationenaustauschkapazität
Mn-Oxide	5 - 4,2	austauschbares Mn^{2+} (Reduktion der Basensättigung)
Tonminerale	5 - 4,5	austauschbares Al^{3+} (Reduktion der Basensättigung)
$n[Al(OH)_x^{(3-x)+}]$	5 - 4,2	Al-Hydroxosulfate (Akkumulation von Säure bei Belastung mit H_2SO_4)
Al-Pufferbereich: Zwischenschichtaluminium Aluminiumhydroxosulfate	< 4,2	Al^{3+} in Lösung (Al-Auswaschung, Reduktion der permanenten Ladung)
Al/Fe-Pufferbereich: wie Al-Pufferbereich, ferner: "Boden-Fe(OH)3"	< 3,8	organische Fe-Komplexe (Fe-Verlagerung, Bleichung)
Eisen-Pufferbereich: Ferrihydrit	< 3,2	Fe^{3+}, Fe-Verlagerung, Bleichung, Tonzerstörung

3.2.1 Carbonat-Pufferbereich

Die Puffersubstanz Carbonat ist nach ULRICH (1981:289) im pH-Bereich von 6,2 bis 8,6 wirksam und solange $CaCO_3$ im Boden vorhanden ist, kann ein neutraler bis schwach alkalischer Boden-pH-Wert aufrecht erhalten werden. Denn $CaCO_3$ neutralisiert H^+-Ionen: $CaCO_3 + H^+ \rightarrow HCO_3^- + Ca^{2+}$ (SCHWERTMANN et al. 1987:175). Die beiden entstandenen Ionen gehen dem Boden verloren, weil sie in Form von $Ca(HCO_3)_2$ ausgewaschen werden. Dabei geht dem Boden die Base HCO_3^- verloren, sodass dessen SNK sinkt, wobei sich eine pH-Wert-Abnahme erst dann einstellt, wenn der Boden vollständig entkalkt ist.

3.2.2   Pufferung durch variable Ladungen

Wie Tabelle 4 zu entnehmen ist, erfolgt eine Pufferung von H^+-Ionen durch variable Ladungen bei pH-Werten zwischen 5 und 4,2. Puffersubstanzen sind dabei Huminstoffe, Tonminerale und Oxide, deren Oberflächen mit Kationen, wie beispielsweise Ca^{2+}, besetzt sind. Diese Kationen treten ihren Platz an H^+-Ionen ab und werden anschließend mit dem Sickerwasser ausgewaschen, wodurch der Boden zwar an SNK verliert, jedoch eine Absenkung des pH-Werts vermieden wird. Dabei können vor allem Huminstoffe sehr viele Wasserstoff-Ionen puffern, sodass „die gesamte SNK der Oberböden im pH-Bereich zwischen 5 und 7 mit ihrem Humusgehalt eng korreliert" (SCHEFFER & SCHACHTSCHABEL 2010:158).

3.2.3   Pufferung durch Silikatverwitterung

Die chemische Verwitterung von Silikaten führt, ebenso wie die Verwitterung der Carbonate, durch das Freisetzen gebundener Kationen zu einem H^+-Verbrauch, was in einer Pufferung des pH-Werts von Böden resultiert. Die durch Silikatverwitterung stattfindende Pufferung ist geringer als die durch variable Ladungen und Carbonate verursachte. Dabei läuft die eher langsame Pufferreaktion über weite pH-Bereiche ab, nimmt jedoch mit abnehmendem pH-Wert der Bodenlösung logarithmisch zu (LUBW 1997:87). Neben dem pH-Wert des Bodens ist die Silikatverwitterung auch von der Art des Silikats sowie dessen Korngröße abhängig.

Im Hinblick auf die Pflanzenernährung spielt die Silikatpufferung eine wichtige Rolle, denn während sie einerseits zur Freisetzung von Nährstoffen führt, bewirkt sie in pH-Bereichen unter 5 das Entstehen von Al^{3+}-Ionen, wodurch der Boden an austauschbaren Nährstoffkationen verliert (SCHEFFER & SCHACHTSCHABEL 2008:129).

3.2.4   Pufferung durch Auflösung von Oxiden und Hydroxiden

Die Pufferung durch Auflösung von Oxiden und Hydroxiden umfasst die Al-, Al/Fe- und Fe-Pufferbereiche, die unterhalb von pH 4,2 in genannter Reihenfolge wirksam sind (Tab. 4).

Bei einem pH-Wert unter 4,2 steigt die Löslichkeit von Al-Hydroxiden stark an, wodurch, unter Verbrauch von H^+-Ionen, Al^{3+}-Ionen freigesetzt und ausgewaschen beziehungsweise an Austauschern gespeichert werden: $Al(OH)_3 + 3\ H^+ \rightarrow Al^{3+} + 3\ H_2O$. Aufgrund der sehr geringen Löslichkeit von Fe^{III}-Oxiden und –Hydroxiden, findet deren Protonierungsreaktion erst in pH-Bereichen unter 3,2 statt: $FeOOH + 3\ H^+ \rightarrow Fe^{3+} + 2\ H_2O$ (ALEWELL 2009:26).

Unter anaeroben Bedingungen werden hingegen im gesamten pH-Bereich der Böden Eisen- und Manganoxide reduziert, wobei ebenfalls H^+-Ionen verbraucht werden, was an folgender Reaktionsgleichung am Beispiel von Mangan(IV)-Oxid deutlich wird: $2\ MnO_2 + 4\ H^+ + CH_2O \rightarrow 2\ Mn^{2+} + CO_2 + 3\ H_2O$ (SCHWERTMANN et al. 1987:175). Insgesamt stellt sich jedoch nur ein SNK-Verlust ein, wenn das entstandene Mn^{2+} beziehungsweise Fe^{2+} ausgewaschen wird, da sonst durch Oxidation die gleichen Mengen an H^+-Ionen gebildet werden können, die zuvor bei der Reduktion verbraucht wurden (SCHEFFER & SCHACHTSCHABEL 2008:129).

4   Auswirkungen der Bodenversauerung

Die Auswirkungen einer zunehmenden Bodenversauerung beschränken sich nicht nur auf den Boden selbst, sondern können ganze Ökosysteme beeinflussen.

Werden dem Boden mehr Wasserstoff-Ionen zugeführt als dieser abpuffern kann, so geht mit der Bodenversauerung eine Abnahme des pH-Werts einher, wobei diese größer wird, je höher der Ausgangs-pH-Wert des Bodens ist (LUBW 1997:12). Dies schränkt unmittelbar die Aktivität vieler Bodenorganismen ein. Dadurch kommt es zu einer Verminderung der biologischen Umsätze, welche sich in der Akkumulation organischer Substanz und einer reduzierten Mineralisierung äußert, wodurch weniger Nährstoffe freigesetzt werden und somit wieder pflanzenverfügbar sind. Abbildung 4 unterstreicht, wie sich die Humusform mit abnehmendem pH-Wert zunehmend verschlechtert.

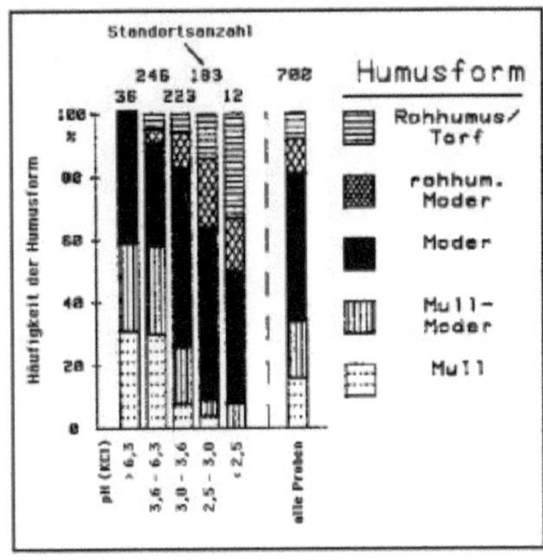

Abb. 4: Zusammenhang zwischen pH-Wert des Oberbodens und Humusform (LUBW 1997:107)

Darüber hinaus verändert sich die Austauscherbelegung im Boden, sodass dieser einerseits an Nährstoffkationen, vor allem Ca^{2+} und Mg^{2+}, verarmt und andererseits an austauschbaren Schwermetallen gewinnt (Al^{3+}, Mn^{2+}), was in Abbildung 5 am Beispiel von Zink und Cadmium dargestellt ist. ZEZSCHWITZ (1985:41) registrierte eine annähernde Halbierung austauschbarer Ca^{2+}-Ionen in nordwestdeutschen Mittelgebirgen über einen Zeitraum von 20 Jahren. Die verminderte Nährstoffverfügbarkeit kann sich bei Pflanzen in Form von Mangelerscheinungen bemerkbar machen, wohingegen die höhere Verfügbarkeit von Schwermetallen Toxizitätserscheinungen an empfindlichen Pflanzen hervorruft (ROWELL 1997:269). Dies sind beispielsweise Schädigungen des Wurzelsystems, wodurch die Aufnahme von Nährstoffen zusätzlich behindert wird. So bemerkte ZORN (2001:359) bei einer Untersuchung von Pflanzen auf versauerten und neutralen Böden, dass unter „den Bedingungen einer starken Bodenversauerung [...] der N-, P-, K- und Mg-Gehalt der geschädigten Pflanzen im Vergleich zu den Vergleichspflanzen bis um 80% reduziert" war. Die Schädigung des Wurzelsystems führt außerdem auch dazu, dass Bäume anfälliger gegenüber Stürmen werden (ALEWELL 2009:33).

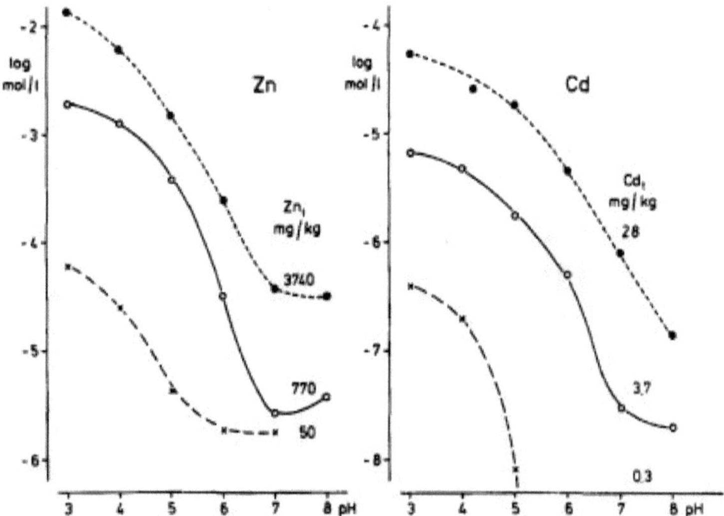

Abb. 5: Gehalte an Zink (Zn) und Cadmium (Cd) einer Parabraunerde (x), einer Kleimarsch (o) und eines Auenbodens (•) in Abhängigkeit des pH-Werts (Quelle: HERMS & BRÜMMER 1984:404)

Tab. 5: pH-Wert unterhalb dessen das Wachstum von Feldfrüchten in Mitteleuropa negativ beeinflusst wird (Quelle: ROWELL 1997:271)

Feldfrucht	pH	Feldfrucht	pH
Luzerne (Alfalfa)	6,2	Weizen	5,5
Bohnen	6,0	Hafer	5,3
Gerste	5,9	Kartoffeln	4,9
Zuckerrüben	5,9	Roggen	4,9
Erbsen	5,9	wilder Weißklee	4,7
Rotklee	5,9	Schwingelgräser	4,7
Mais	5,5	Weidelgras	4,7

Desweiteren resultiert die Bodenversauerung häufig in einer pH-Wert-Absenkung umliegender Gewässer, was die Zusammensetzung der dortigen Flora und Fauna beeinflusst und sogar zum Aussterben vieler Arten führen kann. Bei starker Bodenversauerung kann auch der Aluminiumgehalt im Trinkwasser ansteigen, was bei Menschen das Risiko für Nierenschädigungen sowie die Alzheimer-Erkrankung steigen lässt (ALWELL 2009:33; ROWELL 1997:269; VEERHOFF et al. 1996:184f.).

5   Kalkung – eine Gegenmaßnahme zur Bodenversauerung

Die Kalkung von zur Versauerung neigenden Böden ist eine weit verbreitete und seit langem angewandte Maßnahme zur Verbesserung der Erträge. Sie kommt zur Anwendung, weil die Bodenversauerung von Natur aus irreversibel ist, „es sei denn, die Verwitterungsrate des jeweiligen Pufferprozesses übersteigt die Säureproduktion im Boden" (ALEWELL 2008:46).

Falls der pH-Wert eines Bodens unter den, für die jeweils angebaute Kulturpflanze unterschiedlichen, optimalen Bereich sinkt (Tab. 5), kann er durch Zugabe neutralisations-fähiger basischer Stoffe wieder erhöht werden. Dafür dienen beispielsweise Mergel, Kalkstein und Dolomit, die in der Natur in ausreichenden Mengen verfügbar sind. Die notwendige Menge an Kalk ist, neben den individuellen Bedürfnissen der verschiedenen Pflanzen, von der BNK abhängig, die sich mit Abnahme der SNK nach und nach aufgebaut hat. Die Geschwindigkeit, mit der die Kalkung eine Neutralisation bewirkt nimmt mit sinkendem pH-Wert des Bodens zu. So reagiert Carbonatkalk beispielsweise bei einem pH-Wert über 6 erst im Laufe von mehreren Jahren (SCHEFFER & SCHACHTSCHABEL 2008:133).

Tab. 6: Nährelemente und für das Pflanzenwachstum nützliche Elemente (angeordnet nach abnehmendem Gehalt in der Pflanzensubstanz) (Quelle: SCHEFFER & SCHACHTSCHABEL 2008:273)

Makronährelemente	N, K, Ca, Mg, P, S
Mikronährelemente	Cl, Fe, Mn, Zn, B, Cu, Mo, Ni
nützliche Elemente	Si, Na, Co und weitere

Bei der Planung einer Kalkzufuhr sollte jedoch auch bedacht werden, dass mit steigendem pH-Wert auch die Säureproduktion, aufgrund der erhöhten Dissoziation der Kohlensäure, zunimmt, wodurch der pH-Wert umso schneller wieder sinken wird (ROWELL 1997:272). Hinzu kommt, dass mit zunehmendem pH-Wert des Bodens Phosphat und einige Mikronährstoffe schlechter pflanzenverfügbar sind (SCHEFFER & SCHACHTSCHABEL 2008:134). Diese beiden Tatsachen legen somit nahe, eine Zufuhr basischer Stoffe mit Bedacht zu planen.

6 Nährstoffe im Boden

Die Böden, auf denen sich Pflanzen entwickeln, sind für diese von enormer Bedeutung, denn sie bieten den Pflanzenwurzeln nicht nur die Möglichkeit der Verankerung, sondern versorgen sie darüber hinaus mit Wasser und Nährstoffen.

Pflanzen benötigen für den Aufbau organischer Substanz die Elemente Kohlenstoff, Sauerstoff und Wasserstoff, welche sie aus der Bodenluft beziehungsweise dem Bodenwasser beziehen, sowie weitere 14 essentielle Elemente, sogenannte Nährelemente, ohne die das Wachstum der Pflanzen nicht möglich wäre (ROWELL 1997:303). Diese liegen im Nährstoffvorrat des Bodens vor und sie werden in Abhängigkeit der Menge, die die Pflanzen benötigen, in Makro- und Mikronährelemente unterteilt (Tab. 6). Hinzu kommt eine Reihe nützlicher Elemente, die das Wachstum und die Widerstandsfähigkeit von Pflanzen positiv beeinflussen. Die Nährelemente werden von den Pflanzenwurzeln aus dem Boden in bestimmten chemischen Formen aufgenommen, zum Beispiel Stickstoff als NH_4^+- oder NO_3^--Ionen, die als Nährstoffe bezeichnet werden.

Aufgrund der Tatsache, dass die Erzeugung der Grundnahrungsmittel für die Menschheit direkt oder indirekt auf die Nutzfunktion der Böden zurückgeift, sollten die Nähstoffgehalte von Böden nicht nur bezüglich des quantitativen Pflanzenertrags eingeschätzt werden, sondern auch im Hinblick auf die Qualität der Pflanzen, die sowohl für Menschen als auch für Tiere von enormer Bedeutung ist (SCHEFFER & SCHACHTSCHABEL 2008:273).

Tab. 7: Mengen ausgewaschener Nährelemente und Aluminiums einer Parabraunerde aus Löss und von sandigen Podsolen im Raum Hannover als Mittelwert von drei Jahren (Quelle: SCHEFFER & SCHACHTSCHABEL 2008:275)

Boden	Nutzung	Sicker-wasser (mm)	Auswaschung (kg ha^{-1} a^{-1})							
			Ca	Mg	K	Na	Al	Cl	SO$_4$-S	NO$_3$-N
Parabraunerde	Acker	94	262	23	< 1	36	–	215	72	31
Podsol 1	Acker	252	199	16	36	28	–	135	49	9
Podsol 2	Mähwiese	255	45	2	30	6	–	21	36	5
Podsol 3	Kiefernforst	215	28	5	20	28	39	74	83	9

7 Nährstoffverluste im Boden

Verarmt der Boden an Nährstoffen, so können die Pflanzen nicht mehr optimal versorgt werden, was in einer eingeschränkten Pflanzenentwicklung resultiert. Um dies zu vermeiden, bedarf es einer angemessenen Nährstoffzufuhr in Form von Düngemitteln.

In Kapitel vier wurde herausgestellt, dass sich mit zunehmender Bodenversauerung auch Nährstoffverluste im Boden einstellen. Folglich tragen alle Prozesse, die eine solche Versauerung bewirken, zu einer Verarmung an Nährstoffen bei. Im Folgenden werden weitere Prozesse vorgestellt, die zu einem Verlust an Nährstoffen im Boden führen.

7.1 Entzug der Pflanzen

Werden Ernteerträge oder andere Pflanzen vom Boden entfernt, gehen diesem dadurch auch die Nährstoffe verloren, welche in den Pflanzen gespeichert sind. Fände kein Entzug der Biomasse statt, so würden die Nährstoffe im natürlichen Prozess der Mineralisierung wieder freigesetzt werden. Dabei wird die organische Substanz durch Mikroorganismen zu einfachen anorganischen Stoffen abgebaut.

Der tatsächliche Nährstoffentzug ist abhängig von der Art der Pflanzen, der Ertragsmenge sowie dem Nährstoffgehalt der Böden. Darüber hinaus spielt auch die Menge der Vegetationsrückstände, die auf dem Boden verbleibt, eine entscheidende Rolle, da sie ihre gebundenen Nährstoffe durch Mineralisierung wieder freisetzt und somit bei einer notwendigen Düngung berücksichtigt werden kann (SCHEFFER & SCHACHTSCHABEL 2008:273).

Tab. 8: Auswaschung von Mikronährelementen in Acker- und Waldböden (Quelle: SCHEFFER & SCHACHTSCHABEL 2008:277)

| | Auswaschung (g ha^{-1} a^{-1}) | | | |
	pH	Mn	Cu	Zn
Ackerböden	7...5	1...800	5...94	10...360
Waldböden	5...3	50...9300	2...110	140...2400

7.2 Nährstoffauswaschung

Im humiden Klima Mitteleuropas werden Nährstoffe häufig mit dem Sickerwasser aus Niederschlägen im Boden abwärts verlagert und dadurch teilweise aus den für Pflanzenwurzeln zugänglichen Bodenbereichen ausgewaschen. Das Ausmaß der Nährstoffauswaschung nimmt mit steigender Konzentration der Nährstoffe im Sickerwasser und Sickerwassermenge zu, wobei prinzipiell landwirtschaftlich genutzte Böden stärker von Auswaschung betroffen sind als Waldböden, weil erstere durch Düngung mehr leicht mobilisierbare Nährstoffe aufweisen (Tab. 7). Zudem hat die Bodenart einen großen Einfluss auf die Geschwindigkeit, mit der Nährstoffe ausgespült werden, denn bei „gleicher Sicker-wassermenge und sonst gleichen Bedingungen erreichen die verlagerten Stoffe eine bestimmte Tiefe umso später, je höher die Feldkapazität und damit das Wasserspeichervermögen des Bodens ist" (SCHEFFER & SCHACHTSCHABEL 2008:277).

Tabelle 8 verdeutlicht, dass die Auswaschung von Mikronährelementen stark vom pH-Wert eines Bodens abhängt, da diese in alkalischen Böden vor allem in Form von schwerlöslichen Verbindungen vorliegen und mit abnehmendem pH-Wert zunehmend in schwächere Bindungsformen übergehen.

7.3 Bodenerosion

Wind- und Wassererosion können ebenfalls Nährstoffverluste im Boden hervorrufen. Dabei werden Bodenpartikel und auch Nährstoffe entweder mit dem Wind abtransportiert oder vom Oberflächenabfluss aufgenommen und an anderer Stelle akkumuliert, beziehungsweise in manchen Fällen in Flüsse und damit letztendlich in das Meer verlagert. Für die Intensität der Abtragung spielen dabei viele Faktoren eine Rolle, wie die Stabilität des Bodens, die diesem durch Wurzeln verliehen wird oder die Wind- beziehungsweise Fließgeschwindigkeit. Wie in den vorherigen Kapiteln herausgestellt wurde, kann eine Bodenversauerung die Deformation

Tab. 9: Konzentrationen von Makronährstoffen in Feldfrüchten [g/kg] (Quelle: ROWELL 1997:303)

Feldfrucht	N	P	K$^+$	Ca^{2+}	Mg^{2+}	S
Getreide, Korn	20	4	6	0,6	1,5	1,5
Stroh	7	0,8	8	3,5	0,9	1,1
Kartoffel, Knolle	14	1,8	22	0,9	0,9	1,4
Weidelgras	25	3	18	4	1,2	1,2
Öl-Raps, Samen	36	7	10	4	2,5	10

von Pflanzenwurzeln bewirken, womit sie auch unmittelbar die Bodenerosion verstärken und weitere Nährstoffverluste auslösen würde.

Beide Erosionsformen sind insbesondere bei Böden mit starker Beeinträchtigung der natürlichen Vegetation durch den Menschen sehr wirksam, wie beispielsweise in landwirtschaftlich intensiv genutzten Regionen, denn je niedriger die Bodenbedeckung, umso höher ist die erosive Wirksamkeit (AUERSWALD 1998:39; HASSENPFLUG 1998:75). Diese sind dann insbesondere zwischen der Saatbettbereitung und der Entwicklung einer schützenden Pflanzendecke sehr erosionsanfällig.

7.4   Immobilisierung von Nährstoffen

Nährstoffe im Boden können von einer schwächeren Bindungsform und einer damit einhergehend guten Pflanzenverfügbarkeit in eine schwerer lösliche oder sogar unlösliche Form übergehen, was als Immobilisierung bezeichnet wird. Festgelegte Nährstoffe sind für Pflanzen nur noch schwer oder nicht mehr verfügbar und gehen deshalb in diesem Sinne für die im Hinblick auf die Pflanzenernährung verloren (SCHEFFER & SCHACHTSCHABEL 2008:274).

8   Düngung als Ausgleich von Nährstoffverlusten im Boden

Zwar werden durch Verwitterungsprozesse Nährstoffe freigesetzt und zudem können sie durch Niederschläge teilweise in beträchtlichen Mengen in den Boden gelangen, doch meist reicht dies nicht aus, um die entgegenstehenden Nährstoffverluste zu kompensieren. Deshalb erfolgt in landwirtschaftlich intensiv genutzten Böden zumeist eine externe Zufuhr von Nährstoffen in Form von organischen beziehungsweise mineralischen Düngern. Das Ziel einer solchen Düngung ist die bestmögliche Nährstoffversorgung von Kulturpflanzen, die zur Produktion qualitativ hochwertiger Nahrungsmittel für Mensch und Tier notwendig ist. Wie jedoch in Kapitel 3.1.4 herausgestellt wurde, trägt insbesondere die Verwendung von Ammonium-Düngern zur Bodenversauerung bei.

Tabelle 9 ist zu entnehmen, dass verschiedene Feldfrüchte unterschiedliche Mengen an Nährstoffen enthalten. Bei Entzug der Ernteprodukte gehen diese dem Boden verloren und müssen dementsprechend, um die Bodenfruchtbarkeit aufrecht zu erhalten, wieder zugeführt werden (ROWELL 1997:303). Bei der Ermittlung des Düngerbedarfs sind jedoch nicht nur die Nährstoffentzüge und die angestrebten Erträge zu berücksichtigen, sondern ebenso der Nährstoffvorrat des Bodens, sowie die durch Mineralisierung freisetzbaren Nährstoffe aus Ernterückständen, bodeneigenem organischen Material und organischen Düngern, wie beispielsweise Gülle oder Mist (SCHEFFER & SCHACHTSCHABEL 2008:282).

Um Düngungsfehler und damit einhergehende Belastungen von Boden, Wasser und Luft zu vermeiden ist eine standort- und bedarfsgerechte Düngung erforderlich. Zu berücksichtigen ist dabei auch, dass Düngung zwar in einer Ertragssteigerung resultiert, jedoch zu hohe Nährstoffkonzentrationen die Qualität der Pflanzen auch negativ beeinflussen können. In Fällen von Überdüngung kann es zu Ionenkonkurrenz kommen, was bedeutet, dass die Möglichkeit der Aufnahme eines bestimmten Nährstoffs, wie zum Beispiel Mg^{2+}, durch einen Überschuss anderer Ionen (Ca^{2+}, K^+) verringert wird. Ein starker Mangel tritt dadurch auch bei den Mikronährelementen auf, weshalb eine ausgeglichene Zusammensetzung der Nährstoffe in der Bodenlösung für eine gute Pflanzenqualität von besonderer Wichtigkeit ist (SCHEFFER & SCHACHTSCHABEL 2008:278).

9   Zusammenfassung

Rückblickend bleibt festzuhalten, dass in Mitteleuropa die Versauerung eines Bodens und dessen Verlust an Nährstoffen eng miteinander zusammenhängen.

Böden versauern, wenn Wasserstoff-Ionen extern aus der Atmosphäre eingetragen oder direkt bodenintern in einem solchen Ausmaß gebildet werden, dass dies von der Pufferkapazität eines Bodens nicht kompensiert werden kann. Ist dies der Fall, so gewinnt der Boden an austauschbaren Schwermetallen, welche austauschbare Nährstoffkationen immer weiter verdrängen. Dieser Nährstoffverlust wird darüber hinaus auch dadurch verstärkt, dass Mikroorganismen aufgrund des niedrigeren pH-Werts weniger aktiv sind und folglich die Mineralisierungsraten und damit die Nährstofffreisetzung aus der organischen Substanz sinken. Des Weiteren beeinflussen versauerte Böden das Wurzelsystem von Pflanzen negativ, wodurch nicht nur die Aufnahme der ohnehin schon knappen Nährstoffe behindert wird, sondern auch Bodenstabilität verloren geht, was den Boden anfälliger gegenüber Wind- und Wassererosion werden lässt. Letztere können ebenfalls einen Nährstoffaustrag und eine Akkumulation an anderer Stelle bewirken.

Weitere bedeutende Ursachen für Nährstoffverluste im Boden sind der anthropogene Entzug des Ernteguts, wodurch den Böden die in den Pflanzen gespeicherten Nährstoffe verloren gehen, und die Auswaschung von Nährstoffen durch Niederschläge. Aus diesen Gründen ist insbesondere auf ackerbaulich genutzten Flächen häufig eine externe Nährstoffzufuhr in Form von mineralischen beziehungsweise organischen Düngemitteln erforderlich. Doch der Einsatz von Ammonium-Düngern trägt wiederum selbst zu einer zunehmenden Bodenversauerung bei, denn bei der Oxidation von Ammonium werden Wasserstoff-Ionen freigesetzt, was zur Versauerung des Bodens führt. Dadurch wird deutlich, dass sowohl Düngung als auch Kalkung nur mit Bedacht und sorgfältiger Planung effektiv eingesetzt werden können, ohne ungewollte Nebenwirkungen verzeichnen zu müssen.

Literatur

ALEWELL, C. (2009): Grundlagen der Bodenkunde. <http://pages.unibas.ch/environment/ Studium/Lect_HS09/Bodenkunde/Kap_7_Bodenversauerung.ppd> (Stand: 2009) (Zugriff: 19.10.2011).

AUERSWALD, K. (1998): Bodenerosion durch Wasser. In: RICHTER, G. (Hrsg.): Bodenerosion: Analyse und Bilanz eines Umweltproblems. Darmstadt: Wissenschaftliche Buchgesellschaft.

BREEMEN, VAN N., MULDER J. & C.T. DRISCOLL (1983): Acidification and alkalinization of soils. - Plant and Soil 75, 283-308.

CULLIS C.F. & M.M. HIRSCHLER, 1980: Atmospheric sulfur: natural and man-made sources. - Atmospheric Environment 14, 1263-1278.

HASSENPFLUG, W. (1998): Bodenerosion durch Wind. In: RICHTER, G. (Hrsg.): Bodenerosion: Analyse und Bilanz eines Umweltproblems. Darmstadt: Wissenschaftliche Buchgesellschaft.

HERMS U. & G. BRÜMMER, 1984: Einflußgrößen der Schwermetallöslichkeit und -bindung in Böden. – Zeitschrift für Pflanzenernährung und Bodenkunde 147, 400-424.

HILDEBRAND E.E. (1994): Der Waldboden - ein konstanter Produktionsfaktor? - Allgemeine Forstzeitung 49, 99-104.

LUBW (Landesanstalt für Umweltschutz Baden-Württemberg) (Hrsg.) (1997): Bodenver-sauerung – Ursachen, Auswirkungen, Maßnahmen. <http://www.lubw.baden-wuerttemberg.de/servlet/is/17028/bodenversauerung.pdf?command=downloadContent &filename=bodenverbodenver.pdf> (Stand:1997) (Zugriff: 19.10.11).

ROWELL, D. L. (1997): Bodenkunde: Untersuchungsmethoden und ihre Anwendungen. Berlin: Springer.

SCHEFFER, F. & P. SCHACHTSCHABEL (2008[15]): Lehrbuch der Bodenkunde. Heidelberg: Spektrum.

SCHEFFER, F. & P. SCHACHTSCHABEL (2010[16]): Lehrbuch der Bodenkunde. Heidelberg: Spektrum.

SCHWEDT, G. & J. SCHREIBER (1996): Taschenatlas der Umweltchemie. Stuttgart: Thieme.

SCHWERTMANN U., P. SÜSSER & L. NÄTSCHER (1987): Protonenpuffersubstanzen in Böden. – Zeitschrift für Pflanzenernährung und Bodenkunde 150, 174-178.

STAHR, K., E. KANDELER, L. HERRMANN & T.STRECK (2008): Bodenkunde und Standortlehre. Stuttgart: Ulmer.

ULRICH, B. (1981): Ökologische Gruppierung von Böden nach ihrem chemischen Bodenzustand. - Zeitschrift für Pflanzenernährung und Bodenkunde 144, 289-305.

ULRICH, B. (1986): Natural and anthropogenic components of soil acidification. – Zeitschrift für Pflanzenernährung und Bodenkunde 149, 702-717.

ULRICH, B. (1987): Stabilität, Elastizität und Resilienz von Waldökosystemen unter dem Einfluß saurer Deposition. - Forstarchiv 58, 232-239.

VEERHOFF, M., S. ROSCHER & G. W. BRÜMMER (1996): Ausmaß und ökologische Gefahren der Versauerung von Böden unter Wald. Berlin: Erich Schmidt Verlag.

ZEZSCHWITZ, VON E. (1985): Immissionsbedingte Änderungen analytischer Kennwerte nordwestdeutscher Mittelgebirgsböden. In: Geologisches Jahrbuch Reihe F, 20, 3-41.

ZORN, W. (2001): Wirkung der Bodenversauerung auf den N-, P-, K- und Mg-Gehalt junger Sommergerstepflanzen. - Archiv für Acker- und Pflanzenbau und Bodenkunde, 46, 359-360.